I0402728

SUDOKU

100 PUZZLES WITH SOLUTIONS

EASY LEVEL **BOOK 6**

ISBN: 9781693662904

A standard Sudoku puzzle consists of a grid of 9 blocks. Each block contains 9 boxes arranged in 3 rows and 3 columns.

Column — Block — Box — Row

8	4	1	7	9	6		3	2
			2	5	4	8	1	
6	2	5	3	1		9	4	7
2		8		3	7	4	5	1
3		7	4	8		2	6	9
	5	6	9		1			8
5							2	3
1	6	3	8	4	2	7	9	5
9	7	2	5	6	3	1	8	4

The Basic Rules of Sudoku:

- There's only one solution to a Sudoku puzzle. A puzzle is considered solved when all 81 boxes contain numbers by following the Sudoku rules.
- When you start a game of Sudoku some blocks already have numbers (fewer number make a harder puzzle). These numbers cannot be changed.
- Each column must contain every number from 1 to 9 and no two numbers in the same column can be duplicated.
- Each row must contain every number from 1 to 9 and no two numbers in the same row can be duplicated.
- Each block must contain every number from 1 to 9 and no two numbers in the same block can be duplicated.

Here's the solved puzzle:

8	4	1	7	9	6	5	3	2
7	3	9	2	5	4	8	1	6
6	2	5	3	1	8	9	4	7
2	9	8	6	3	7	4	5	1
3	1	7	4	8	5	2	6	9
4	5	6	9	2	1	3	7	8
5	8	4	1	7	9	6	2	3
1	6	3	8	4	2	7	9	5
9	7	2	5	6	3	1	8	4

Puzzle 1

6		8	1		2	3		5
7		1		8	3	2		6
2		3		4	6	1	7	8
9	2		3	1	4	8		7
8	3	7	2		9	4		1
4	1		8		7	9	3	2
3	8	9	6	2	5	7	1	4
1	6	4	7	3	8	5	2	9
5	7	2		9	1	6		

Puzzle 2

4	8	9					7	
2		7			8	4	9	
1		3	7	4	9	8	2	
6	9	1	3	8	4	2	5	7
8	7	2	1		6	9	3	4
5	3	4	9	2	7		8	
3	2	6	4	9	5	7	1	8
7	1	8				5	4	9
9	4	5	8	7	1	3	6	2

Puzzle 3

7	4	1				5	3	6
2	5	8	3	7	6	1	4	9
9			4	5	1	2	7	8
1			7	4	9	8	2	5
	9	7	2		8	4	6	3
8	2	4	6	3	5	7		1
3	1		5	2		6	8	7
4		5		6			1	2
6		2	1				5	4

Puzzle 4

8	1	6	2			7	9	4
5	2	7	9	4	1		6	3
	4		7	8	6	5	1	2
	5	1	4	6	9	2	3	
4	3	8	5		2	9	7	
6	9			7		1	4	5
	7	4	6		5		8	1
1	6	5	8	3	7	4	2	9
			1	2				7

Puzzle 5

	6	5	7		9	1	2	8
4	7	9	2	8	1	6	3	5
8	1	2	5	3	6		7	4
6	5	8	9	1	7	2	4	3
7	4		3	2		5		
2	9	3		6	5	7	8	1
9	8	6	1	7			5	2
1		7	8	5				
5		4	6	9		8	1	7

Puzzle 6

2			8	1	7	9	3	5
5	9	1	3	6	4	7	2	8
			5	2	9	1	4	6
			2	5		4	6	
4			6	7		2		
6		2	4	9		3		7
8	7	3	1	4	5	6	9	2
1	2	5	9	3	6	8	7	4
9			7	8	2	5	1	3

Puzzle 7

4	6	7	9	8	2	1	3	
1	8	3	4	6	5	7	2	9
	2	5				6	4	8
7	9	1	2	5		8	6	3
8	4	2	6	3		5	1	7
3	5	6	8			4	9	2
	7	4	5		6	3		
	1	8	7	2	3	9	5	4
5	3	9	1	4				

Puzzle 8

2	9	7	4			1	3	5
5		3	1	7	2	4		8
	8		5	9	3	7		
9	3	5	6	1	7	8		
	7		8	2	4	3	5	9
	4	2	3	5	9	6	7	
7	1	9	2	4	6			
4		8	9	3	1	2	6	7
3			7	8	5	9	1	4

Puzzle 9

3	4			9	1		2	5
2	9			7	5	1	3	4
	1	5		3	2			9
5	8	9	1	2	4			3
	6		3	5	8	9	1	2
1	2	3	7	6	9	5	4	8
	5	1	2	4	7	3		6
	3		5	1	6	2		7
6	7	2	9	8	3	4	5	1

Puzzle 10

5	1	4	9	8	3	7	6	2
9	2	3	6	4	7	5		
6	8	7	2	1	5	3	4	9
2	6	8	4	3	1	9	5	7
7	9	5	8	6	2	1	3	4
		1	5	7	9	8	2	6
	7	6	3		4	2		
			1		8	6	7	
	5		7		6	4		

Puzzle 11

2	9	3		7		1	6	8
5	6	7		9	1	4		3
8		1			3	5	9	
7	5				8		1	6
3	8	4	6		2	7	5	9
9		6	3	5		8	4	2
4		5	7	3	6	9	8	1
6	7	9	1	8	5			4
1	3	8	4	2	9	6	7	5

Puzzle 12

3	9	5	1	8	4	6	7	2
4	8		2	5		9		
	2		7	3	9			
8	1	3	4	2	5	7	6	9
2	5	4	9	6	7	8	3	1
9	7	6	3	1	8	2	4	5
5	6	2	8	4	1	3	9	7
	4		5	9	3	1		6
1			6					

Puzzle 13

	4		8	2		3		
1	2	8	6	3		5		4
	7	9	1	4	5	2	8	6
			9		8	4	2	
7	8		4	1	2	6		
4	9	2	3		6	8		
8	5	4	7	6	1	9	3	2
2	6	7	5	9	3	1	4	8
9			2	8	4	7	6	5

Puzzle 14

1	5		9			6		
9	3		6	4	1		8	5
4	8	6	7		5	1		9
2	1	9	8	5	6	3		
8	6	4	3	1	7	5	9	2
3	7	5	2	9	4	8		1
5	9	1	4					6
7	2	8		6	9	4		3
6	4	3		7	2	9		8

Puzzle 15

		9	2	7	8			6
6	2	8	5		1		7	9
7		5	6		9			
2	9	7	8	5	4	6	3	1
8	5	1	3	6	2	7	9	4
3	4	6	1	9	7			
5	8	3	4	1	6	9	2	7
1	7		9	2	5	8	6	3
9	6	2	7	8	3			5

Puzzle 16

6	7		8	4		9	2	
9	3		6	2	5			
	4		1	9	7		6	5
1	9		7	5	8	6	4	2
	6		2	1	9	5		3
	5		4		6	1	9	
5	2	4	9	7	1	8	3	6
7	1	6	3	8	4	2	5	9
3	8	9	5	6	2		1	

Puzzle 17

3	4		9	1	7		8	6
8	7				3		9	
9					8	7	3	
2	3	9	8	7	1	6	4	5
	5	7	2	9	6	8	1	3
6	8	1	3	4			7	
5	6	8	7	3	4		2	
7	2	4	1	6	9	3	5	8
1	9	3	5	8	2	4		

Puzzle 18

9	8	7	2	4	5	6	1	3
3	2	1		6		5	4	7
4	5	6		7		8		9
7	1	3	5	2	6	9	8	4
6	4	8		9		2		5
2	9	5	4	8				6
		2	6	5	4		9	8
5		4		1			6	2
8	6	9	7	3	2	4	5	1

Puzzle 19

8	1	5			7		9	2
9	7	6					1	8
3	4	2			1	5	6	7
2	5	7			8	9	3	4
6	9	8	3	7	4	2	5	1
4	3	1	5	2	9	8	7	6
5	8		7		6	1	2	3
7	2				3	6	8	5
1	6	3				7	4	9

Puzzle 20

3	7		8	4	2	9	1	5
8	4		9	3	1	2	6	
9	1	2		6	7		4	3
4		7	6	2	5	1	3	
6	5	3	1	9	8	7	2	4
2		1	4	7	3	6	5	
7				5	6	4	9	1
5	2	4	7		9		8	6
	6	9	3	8	4	5		

Puzzle 21

5	4		8	9	1	7		2
		8	2	6	3	1	4	5
2	3	1	7				9	8
4	1	9	6	3	8	2	5	7
8		2	9		7	4		3
3		7	4		2	8		9
6	2		3	7	4	9	8	1
		3	1	8	6	5	2	4
1	8	4	5		9	3		

Puzzle 22

3	1	8		6		5	7	2
4	7	2	1	8	5	3	9	6
9			7	3	2	8	1	4
6	8	9	3	4	7	1	2	5
	4		6	2	1	9	3	8
1	2	3		5		6	4	7
		4		1		7	5	9
	9	1		7		2	6	3
				9		4	8	1

Puzzle 23

		8	1		2	3	7	4
2	6	3		7	8	9	5	
7	4	1	5	9	3	6	2	8
6	3	4	2	5	9	1	8	
8	7	5	6	4	1	2		
		2	8	3		4	6	
	8	7	3	2	6	5		9
3	1	6	9	8	5	7		2
5	2					8		

Puzzle 24

6		4			8		9	
9	8	1	2		3	4	5	6
3	5	7				1	8	2
8	7	6			2	5		1
2	1	3	8		5	9		
4		5	7	3	1	6	2	
5	4	9		2	6	8	1	7
	3	8			4	2	6	9
1	6	2	9	8	7	3	4	5

Puzzle 25

6	7	5	8		1	4		
2	3	9	5		6	8	1	7
8	1	4	7	3		5	6	
	5	6				9		1
7	9	8	6	1	5	2	4	
4	2	1	9	7	3	6		
5	8	2	3	6	7	1	9	4
	4	3	1	5	8	7	2	6
1	6					3		

Puzzle 26

	4	1	6		2		9	
		2	1		9	6		
6	3	9	5	4	8	7		
3	8	4	9	2	6			7
9	1	6	4	5	7			
5	2	7	3	8	1	4	6	9
1	7	5	8	9	4	2		
4	6	3	2	1	5	9	7	8
2	9	8	7	6	3			

Puzzle 27

7	5	8		2	4	9	3	1
2	4	9	5	1		7	6	8
6	3		9	8	7	2	5	4
8		7		4	6	5		2
4		5	7					3
3		6	1	5				7
9	7	3	2	6	1			5
5	8	2	4	3	9	1	7	6
1	6	4	8	7	5	3	2	9

Puzzle 28

7	6	2	4	8	1	9	3	5
4	1	3	2	9	5	6	7	8
5	8	9	6	7	3			
	9	7	5		2			6
6	2		8	4	9	3	5	7
	5	4	7		6	2		9
9		5		2	4	8	6	1
2		6	1	5	8	7	9	
1		8	9	6	7	5		

Puzzle 29

8	5	2	9	3		7		4
9	3	1		7	8	2	6	5
7	6	4	5		1	8	9	
6	1	7	3	4	2	5	8	9
3	2	8	6	9	5	4		
5	4	9	1		7		2	6
2		3	8	1	4		5	7
4	8	6		5	9	1	3	2
1	7		2	6				

Puzzle 30

6	3		7			4	5	
2	9	8	3	4		7	6	1
7			6		9	8	3	2
	8	4	5		2		1	7
5				3			2	8
1	2	3	9	8	7	5	4	6
3	7	9	2	5	1	6	8	4
8	5	2		7	6	1	9	3
4	1	6	8	9	3	2	7	5

Puzzle 31

8	1	6	9			5	7	
3	9		5	1	7	8	6	
	5	7	8		6	3		9
6			1	3	9	7	5	8
1	7	5	4	6	8			3
9	8	3	7	5	2	6	4	1
5	6	1		8	4	9	3	7
7	3			9	1	4		5
		9	3	7	5	1	8	6

Puzzle 32

8		7	1		6	9	4	5
6	9	5	4				1	3
4		1	9		5		7	
9		2	3	5	4	7	6	8
5	6	3	8			4	2	9
7	4	8	2	6	9	5	3	1
1	8	9	6	4	2	3	5	7
2	7	6		9	3	1	8	4
3	5	4	7				9	

Puzzle 33

5	1			8	4	7		
9	7	8		1	6	4		
2	4	3	9	5		1	6	8
	3	7		4	5	9		
	2	4		7	9	3		
1	9	5	8		3	6	4	7
3	5	2	4	9			7	
7		9	5	3	8	2	1	4
4	8	1	7	6	2	5	3	9

Puzzle 34

8	5	3	7	9	6	1	4	2
9	6	4		5				
1	2	7	3	4	8	5	6	9
7	4	9	8	6	5	2	3	1
3	8	5	4			6	9	7
6	1	2	9	3	7	8	5	4
4		1	5					6
2	3	8	6		4	9		5
5		6				4		

Puzzle 35

7	2	9	1	3	4	8	5	6
	5	8	2	7	6			3
	3	6	5	8	9	7	2	
8	7		3	5	2		6	
6	9	2	4	1	8	3	7	5
3		5	9	6	7		8	2
9			7	2	5	6	3	
	8	3	6		1	2		7
2	6	7	8		3	5		

Puzzle 36

8	5	6	2	9	3	4	1	7
4	3	2	8	1	7	6	9	5
7			5	4	6	2	3	8
1	7	3	6	5		9		4
6	2	8	4			1		3
5			3		1	7		6
9		5	1	6		3	7	2
2	6	7	9	3	5	8	4	1
3			7			5	6	9

Puzzle 37

9	6	2	8	7	4	3		5
1	5		3	2	6	9	4	7
7				5	1		8	2
6	1	9	2	3	8	5	7	
8	7		4	1	9		3	6
2			5			8	9	1
		6	1		5	7	2	8
		7	6	9		1	5	3
5	2	1	7	8	3	4	6	9

Puzzle 38

3	8	4		5	2		6	9
2	9	5	7	6	3	4	8	1
			9		8	2	3	5
			3	2		9	4	8
9	4	3			5	6	1	2
	2	8	4	9		5	7	3
	3	6	2	8	9		5	7
8	7	2	5	1	4	3	9	6
			6	3	7	8	2	4

Puzzle 39

6	8	2		1	5		3	
1	5	3	6	9	4	8	7	2
9	4	7		3	8	5		
	9	6	5	2				
3	2	4	1	8	6	7	9	5
			9	4		2		
	3	1	8	5	9	6	2	7
5	6	8	3	7	2	1	4	9
2	7	9	4	6	1	3	5	8

Puzzle 40

4	2	6	9	8	5	1	7	
1	8		6		3	2		4
	3		4			6		8
9	5	1	8		4			7
2	6	8	3	9	7	5	4	
3	7	4	5			8		9
6	1	3	2	4	9		8	5
8	9	7	1	5	6	4	3	2
5	4	2	7	3	8	9	1	6

Puzzle 41

9	4	7		8		2	3	1
5	2	3				6	8	
8	1	6		2		5	4	
1	6	4		3		7	2	8
7	9	8	2	6	4	1	5	3
2	3	5	7	1	8	9	6	4
	5	9				8		2
	8	2		9		3		5
3	7	1	8	5	2	4	9	6

Puzzle 42

	4	9		7	3	1	6	8
	1	3		8	6	5		
	8	6		9	1	2	3	
9	3	4	8	6	2	7	1	5
1	2	7	9	4	5	6	8	3
8	6	5	3	1	7			
3	9	2	6	5			7	1
6	5	1	7	3				
4	7	8	1	2	9	3	5	6

Puzzle 43

		7			4	1	2	5
4		5		2		6	7	
			7	5		9	4	
			1	7	5	4	9	2
9	7	1	2	4	8	5	3	6
5	4	2				8	1	7
		6	4	8	7	3	5	9
7	3	9	5	1	6	2	8	4
8	5	4	3	9	2	7	6	1

Puzzle 44

2	1	9		4	6	7	3	5
3	7	8		1	2	6	9	4
4	5	6	3	9	7	2	1	8
		2		3	4	5		
		3	2	6		4		
	4	5		8	1	3	2	
8	2	7	6	5	9	1	4	
		4	1				5	7
5	3	1	4	7	8	9	6	2

Puzzle 45

2				5	1	7	3	
5	7	6	3	2	4	1	9	8
1	3				7	2	5	
	6	5	7	1	8		2	
9		7	2	4	3	5	6	1
3	2		5	6	9	4		7
7	1	3			2	6	4	5
	4		1	3	5	8	7	2
8	5	2	4	7	6		1	

Puzzle 46

	5	7	4	8	3	1	9	6
1	4	8		9		2	5	3
9	6	3	5	2	1	7	4	8
	9	2	3				6	
8	7	1		5		4	3	9
		6			9		2	
7	1	5	9	3	4	6	8	
3		4	1	6		9	7	5
6		9		7	5	3	1	4

Puzzle 47

9	8	3	5	7	4	2	1	6
6	4	2				5	7	8
7	1	5	8	2	6	4	3	9
5		1		9	7	3	8	4
8	7	6	4	1	3	9		2
	3	9	2		8		6	7
3				6	2	8	4	
2	6	8	3	4			9	
1		4	7	8		6	2	3

Puzzle 48

1	7	2	9	4	8	3	6	5
			7	2	5	4		
5		4	3	6	1	7	2	8
		7	4		2	9		
9	2	1	8	3	7	6	5	4
4	3	5	6	1	9	2	8	7
	5		2		4	1		6
2	4		1		6	5		
7	1	6	5	9	3	8	4	2

Puzzle 49

7		9	6	4	5	8	3	2
2	8	4		1	9	7	6	5
6		5			7	4	1	9
	2	6	9	5		1		
	7	3	1	8	2	9	4	6
9	4	1	7	3				8
4	9	7		6	8	3		1
3	6	8		7	1		9	4
1	5		4	9	3	6	8	7

Puzzle 50

		1				2	8	5
7	4	5	2	1	8	6	9	3
	2	8	5			1		7
2	9	6	3	8	5	4	7	1
1	5				4	8	2	6
8	7	4	1	6	2	5	3	9
5	8	9		2		3	1	4
4	1	7	8	5	3	9	6	2
		2			1	7	5	8

Puzzle 51

4	3	1		5	6			8
	5	9	8	2	4	1	6	3
8	6	2		3				4
6	1	8	3	4	9			7
3	2	7	6	1	5	8	4	9
5		4		7	8		1	6
2	7	6	5		3	4	8	1
	4	5		8		6	3	2
1	8	3	4	6	2	7	9	5

Puzzle 52

	5	6	2		7			9
1			4		9	6		5
		9	6		5			2
6		5	9	4	1			7
3	1	4	7	2	8	9	5	6
9			5	6	3		1	4
2	6	3	1	7	4	5	9	8
5	4	1	8	9	6	7	2	3
7	9	8	3	5	2	4	6	1

Puzzle 53

5	8	3	9	7	6	1	4	2
9	6	2	1	4	8		7	5
1	7					9		
		1	6	9		8	3	7
3	9	6	7	8	1	5	2	4
8		7				6	1	9
7	1	9	8	6	2	4	5	3
		5	3	1	9	7		
6	3	8	4	5	7	2	9	1

Puzzle 54

4	6	5	7	3	1	9	2	8
3	1	2			4	5	7	6
8	7	9	2	6	5	1	4	3
1		7	6	5	9			4
5			1			6	9	
9		6		4	2	7	1	5
7		8		2	6		5	1
2		1	5				6	7
6	5	3		1	7	2	8	9

Puzzle 55

7			2	8	5	6		4
1	6		7		3		5	9
4	2	5		1	9		3	7
	9	2	1	7	4	3	6	5
3	1	7	5	6				8
5	4	6	9	3	8	7		1
6	5		8	9	1		7	2
2	8		3			1		6
9	7	1		2	6	5	8	3

Puzzle 56

1	4	3	6	5	2	7	8	9
6	9	8		7	3		5	2
7	5	2	8			4	6	3
	8					3	7	5
	1	5	3	8	7	6		4
3	7					8		1
5	3	1	7	2	8	9	4	6
8	6	9				2	3	7
4	2	7	9	3	6	5	1	8

Puzzle 57

4	8	1		5			6	2
6		2	8	4	1			
5		9		2	6	1	4	8
7	5	6		3	8		2	1
1	2	8		6				
9	4	3	5	1	2	8	7	6
2	6	4	1	9	5		8	
3	1	7	6	8	4	2	9	5
8	9	5	2		3	6	1	4

Puzzle 58

	7	2	1	4			9	3
	4	9	6	2			1	
	1	5	3	9			2	4
5	9	3		8	6	2		1
1	2	7	9	5	4	3	6	8
4	6	8			3	9	7	5
2	8	4	5	7	9	1	3	
7	3	1	8	6		4	5	9
9	5	6	4	3	1	7		2

Puzzle 59

7	8	5	2	4	1	3	9	6
			8	9	5	7	2	4
2	9	4	6	3	7	1	8	5
		6	4		2	8		9
9		8	3	1	6	4	5	
	4		9		8	6		
			7	8	9	5	4	3
8	3	7	5	2	4	9	6	1
4	5	9	1	6	3	2	7	8

Puzzle 60

5	3	6	7	8	9		4	1
8	7	1	4	5		9	6	3
9	4	2	1	6		5	7	8
2	6	8	5		7		1	9
		7	8	2	1		5	6
	1	5			6	7	8	2
	5	4			8		2	7
	8	3					9	5
	2	9	6	1	5	8	3	4

Puzzle 61

3	9	5		7	2			
6	7	2	1		8	4		9
1	4	8	6		3		2	
2		7	9	3	6	1	5	4
9	6	1	2	4	5	3	8	7
5	3	4	7	8	1	2		
8	5	6	3		7	9	4	
			5	2			7	8
7		9	8	6	4	5	1	3

Puzzle 62

8	1	5	9	6	4	2	7	3
7	9	6	2	1	3		8	
3	2	4	8			9	1	6
5	7	8	3	2	6	1	4	9
2	4	1	5	8		3	6	7
6	3	9	7	4	1		5	
	5	7	1	9	2	6	3	8
	6		4		8	7		
	8		6		7			

Puzzle 63

5	1	9	4	6	8			7
8	3	6	2	7	1		4	
7	4	2	5	3	9	1	6	8
9	7	3	1	2	5	4	8	6
2		8		4	6			3
4	6	1		8	3			2
1		5	6	9	7			
6		7	3	1	4			
3	9	4	8	5	2	6		1

Puzzle 64

		3	5	8	9	2	1	4
5		1	2	4	6	7	9	3
2				7	1	5	6	8
6	1	4	8		7	3	5	2
8	5			3	4		7	9
9	3	7		5		8	4	
	9		7	1	8	4	2	5
4	7	8	9		5		3	
1	2	5	4	6	3	9	8	7

Puzzle 65

1	2	3	7	9	8	4		5
4	7	5	6	3	1	2	8	
8	9	6		4	5	3	7	1
2	4	1		7		8	9	
6	3	7	8	2	9			4
5	8	9	4	1		7	2	6
7	5	4		6	2	9		8
9		2	3	8				
	1	8	9	5				2

Puzzle 66

	8	3	4		1	5	9	2
9	1	2	8	5	3	7	6	4
7		5	9		6	3		8
2	3	7	5	6	4	9	8	1
4	9	8	3	1	2	6	7	5
1	5	6	7	9	8	4	2	3
3		9	1		5	2		
8		4		3		1	5	
5		1		4			3	

Puzzle 67

	8	9	7		5	4	3	1
		7	4		1	9	8	5
5	1	4	8	9	3	2	7	6
1	4	5	9	3	8	7	6	2
		8	6	5	4	3	1	9
9	6	3	1	7	2	5	4	8
		1		4	6	8		
8		2	3	1		6	5	4
4		6		8		1		

Puzzle 68

	5		2		9	3	7	6
9	3		7	6	5	8	1	
6			8	3		5	9	
	9	3	6			2	5	7
1	2	6	5	7	3	4	8	9
5			9		2	6	3	1
7	8	5	4	9	6	1	2	3
3	6	9	1	2	8	7	4	5
2			3	5	7	9	6	8

Puzzle 69

6	1	2		7	5		3	8
	8	5	2	6	3	7		
	7	3		8	1	6		5
3		8	7	1	6	2	5	9
5	9	7	8		2	1	6	4
	6	1	5		9	8	7	3
7	2	9		5	4		8	
8	3		6		7	5		
1	5	6	3	2	8			7

Puzzle 70

5	3		6		8	1	9	2
2	6	1	9	5	7	4		3
		8			2	5		
1	8		5	7	6	2	4	9
7	2	4	1	3	9	6	5	8
6	9	5	8	2	4		1	7
8	5	9	2	6	1	7		
4	1			8	3	9		5
3	7			9		8		

Puzzle 71

8	7	9		2	4		5	3
2	6	1	9	3	5	8	7	4
3	4	5		8	7	9		2
9	3	2	4	7	6		8	1
7	8	4	5	1	3	2	9	6
1	5	6	8		2	3	4	
6		3	7	5	8	4	2	9
	9		2		1		3	
	2		3		9			

Puzzle 72

7	4	6	3	8	9			2
5	1	9	4	7		8		
2	3	8	6	1	5	7		
3	9	7	5	2	8			
8	6	1	7	4	3	9	2	5
4	2	5	9	6	1	3		
6	5	3	1	9	4	2		
9	7	2	8	3	6			1
1	8	4	2	5	7	6		

Puzzle 73

7	6	4	2	5	8	9	3	1
1	8	9		4	3	2	7	5
	5		9	7	1	8	6	4
5	3		4		9		2	8
8	2		3		5		4	9
4	9		8	2	7	1	5	
	7		5		2	4	1	6
6	1		7	9	4		8	2
	4		1				9	7

Puzzle 74

3	8	6		4		1	9	7
5	4	7	1	9	3	6	8	
1	2	9	6	7	8	4	5	3
4	3	5	7	8	6	2	1	9
6	9	8			1	3	7	4
	7	1	9	3	4	5	6	8
	5	2	4	6			3	1
		3	8				4	6
	6	4		1			2	5

Puzzle 75

	8	6	4	5	2	7	1	9
1	5	2				8		3
		7	1	3	8		6	5
4		8	3		5	9	2	6
	6	1	8	2	9	4	3	7
2	9	3				5	8	1
	2	5		8	1	3	9	4
8	1	4	5	9	3	6	7	2
	3	9	2			1	5	8

Puzzle 76

1	3	9	4	7	6			8
5	6	8		3	2	7		4
7	2	4		8	5	3		
6	8	2	7	1	4	9	3	5
9	1	3	6	5	8			7
4	7	5	2	9	3	8		
2	5	1	3	4	7	6	8	9
8		6	5	2			7	3
3		7	8	6				2

Puzzle 77

5	9	6	2	4	3	8	1	7
3	4	8	6		1	5	2	9
	1	2	9	8		3	6	4
4	7	9			8	2		
6	5	3	7	9	2	4	8	1
	2	1	4			9	7	3
1	3	7	5		9	6	4	8
2	6	4	8	3		1		
9	8	5	1	6	4			

Puzzle 78

7	9	5	6	3	8	2	1	4
6	1	8	7	2	4	9	5	3
3	4	2		9		7	6	8
9	7	1	2	8			4	6
5	6	3				8	2	9
8	2	4		6			7	1
1	3	6	8	5	2	4	9	7
2					6		3	5
4	5					6	8	2

Puzzle 79

	4	6	5	3		9	7	1
			4	1		5	3	6
		5	7	9	6	4	2	8
		8	2	7	1	3	6	4
6	2	1	3	4	5	7	8	9
4			6	8	9	1	5	2
		4	8	2	3	6		7
7	6	2	9	5	4	8	1	3
	8		1		7	2	4	5

Puzzle 80

5	8			1	3		9	2
	2	6	9		4	1		3
	1	9	2		7			6
6	4	1	3	7		5	2	8
9	5	8		2	6	3	7	4
	7	3	5	4	8	6	1	9
4	9	5	8	3	1		6	7
8	3			6		9	4	1
		7		9	2	8	3	5

Puzzle 81

6	4	2	8	3	7	9	1	
7	1	3	4	9	5		8	2
	9	8	1	2	6			7
9	8	6	2	5	1			4
1	2	4		6	3	8	5	9
3	7	5		8		2	6	1
8	6	7	5		9		2	3
4	3		6		2	5	9	8
2	5	9	3		8			6

Puzzle 82

6		5	9	7		2	8	
7	8		5	2		9	6	
1	9	2	3	8	6	7	4	5
3	7	9		1	8	5	2	
	2			9	5	3	1	7
		1	7	3	2		9	
9	1		2	5	3	6	7	
2			8	4	7	1	5	9
	5	7	1	6	9		3	2

Puzzle 83

4	6	2	3		1		7	9
3		7	2		6		4	1
5	8	1	9	4	7	6	2	3
9	4		8		2	1	3	6
	2	3	1		4		9	
		6	5	9	3	4	8	
7	3	4	6	2	5	9	1	8
6	1	8	4	3	9			7
2	5		7	1	8	3	6	4

Puzzle 84

4	7	6	3	1		9	2	
		9	4		6	5		3
		3	9		8	6		4
		1	7	8	2	3	4	
		7	1	3	4		5	
2	3	4	6	5	9	7	8	1
3	9	5	8	4	7	1	6	2
7	1	8	2	6	3	4		5
6	4		5	9	1	8	3	7

Puzzle 85

		8	7	4	2	6	1	5
4	5	1	9	6	3	7		2
7	6	2	8	1	5	3	9	4
					4	1	3	7
		4			7	9	5	6
	1			3		4	2	8
2	8	3	4	7	1	5	6	
6	4	9		5	8	2	7	1
1	7	5				8	4	3

Puzzle 86

		2	5	3	6	9	8	4
8		9	4	1	7	5	6	2
6	4	5		9		3		
2	7	4	1	5				6
5	6	8	2	7		4		
3	9	1		4	8	2		7
		7	3		4	1	2	
1	8	3	7	2	5	6		9
	2	6	9	8	1	7	3	5

Puzzle 87

		5	2	6	8		3	
	6	1	3	7	4	2	5	9
7	2		5	1	9	8	6	4
			7	3	5	9	1	6
	5	9	6	4		3	7	
3	7	6	9	8		5		2
5	3	4	8	9	7			
6			1	2	3	4	8	5
2	1	8	4	5	6	7	9	3

Puzzle 88

5	2	1	9	8	7			6
8	4	3	1	6	2	9	5	7
7	9	6	3	5	4	8	2	1
2	6	7	4	9	8	5	1	3
1	3	9	6	2	5	7	8	4
4	8	5	7	1	3			
3	5	4	2	7				8
		8	5	4				
		2	8	3				5

Puzzle 89

5	7	4	1	6	2		3	
6	8	3	7	4	9		2	5
2	1	9	3	5	8	4		
3		1	2	8	6	5	9	7
	9	2	4	7	5	3	6	
7	5		9			2	8	
4	3		6	2	1		5	
	2	5	8	9	7			3
9	6	8	5	3	4	7	1	2

Puzzle 90

	1		6		5	3		4
6	3		1	4	8	9	2	
8	9	4	7		2	1	5	6
3	7		2	5	6	4	1	9
2		1	9	7			3	
5		9	8	1	3		7	2
1				2			9	3
9		7	3	6	1	2	4	
4	2	3	5	8	9	7	6	1

Puzzle 91

9	4	3	1	5	6	7	2	8
8	6	7	9	4	2	1		3
1	5		3	7	8	9	4	6
5	7	8	2	1	4	6	3	9
2		4	8	6			1	
3		6	5		7		8	2
6			7	8	5			
			6			8	7	1
7	8			3	1	2	6	5

Puzzle 92

1	9	8	6	2	4	3	5	7
4	3	2		5	7		6	9
7	6	5	3	1	9			
5		6		7	2	9		
2	7	9		8		6		5
3			5	9	6	7	2	
9	1	4	7	6	5			
6	2	3	9	4	8	5	7	1
8	5	7	2	3	1	4	9	6

Puzzle 93

	1	6			7		5	
	5	7			1		6	
9		8	5		6		1	7
7	8	4	2	9	5	6	3	1
	2		4	7	3	9	8	5
5	9	3	1	6	8	7	2	4
1	6	9	8	3	4	5	7	
8	7	2	6	5	9	1	4	3
		5	7	1	2	8	9	6

Puzzle 94

9	7	4	1	6	8		5	
6	3	5	9	2	4	7	8	1
1	8	2	3	5	7	6	9	4
		1	5		9		4	
5	4		6		2	1	3	
7			4		1	5		
2	9	6	8	1	3	4	7	5
4	5	7	2	9	6		1	
	1		7	4	5	9		

Puzzle 95

3	7	4	1			6		5
2	9	6		4	8	3	1	7
8	1	5	6	3	7	4	2	9
7	6		4	5	1	8		2
	8		3	7		5	6	
5	4		8		6			1
	2	1	7	8	5	9	4	3
9	3	7	2	6	4		5	8
4	5	8	9	1	3	2		6

Puzzle 96

	8		1	3	9	5	2	7
	7		6	5	4		8	
5	1	9	8	2	7	6		4
8	6	3	5		1	4	9	
9		5	3	4	8	7	1	6
1		7	2	9	6	8	5	3
	5		7	8	3		4	
7	9	8	4	1	2	3	6	5
	3		9	6	5		7	8

Puzzle 97

7	3			8	6			2
8	9		2	4	5	7		3
2	4		7	1			8	9
5	8		6		4	2	7	1
4	1	7	5		2			8
6	2		1	7				5
3	7	4		2	9			6
9	6	2	4	5	1	8	3	7
1	5	8	3	6	7	9	2	4

Puzzle 98

4		9		1	2			
8		6		9	4	2		7
	7	2		6	8		4	9
2	4	8	6	5	3	7	9	1
5	9	1	8	2	7	4	6	3
7	6	3	9	4	1			
		5	2	8	6	9	7	4
9	2	7	4	3	5			
6	8	4	1		9	3	2	5

Puzzle 99

5	6			1	2		9	4
7	2	8	4		3	5	1	
4	9	1	6	8	5		2	3
1			3		8		6	9
		2	1	7		4		5
8			2				7	1
2	1	6	8	3	4	9	5	7
9	7	4	5	2	1	6	3	8
3	8	5	9	6	7	1	4	2

Puzzle 100

	7		6	5		9	4	
	6	9	1	4	7	5	8	
	4		2	9		6		
6	9	3	4	8	2	1	5	7
	1		7	3	6	4	9	8
7	8	4	9	1	5	3	2	
9	2	6	5	7		8	3	4
4	3	7	8	6	9	2	1	5
1	5		3	2	4	7		9

Solutions

Puzzle 1

6	4	8	1	7	2	3	9	5
7	5	1	9	8	3	2	4	6
2	9	3	5	4	6	1	7	8
9	2	5	3	1	4	8	6	7
8	3	7	2	6	9	4	5	1
4	1	6	8	5	7	9	3	2
3	8	9	6	2	5	7	1	4
1	6	4	7	3	8	5	2	9
5	7	2	4	9	1	6	8	3

Puzzle 2

4	8	9	5	1	2	6	7	3
2	5	7	6	3	8	4	9	1
1	6	3	7	4	9	8	2	5
6	9	1	3	8	4	2	5	7
8	7	2	1	5	6	9	3	4
5	3	4	9	2	7	1	8	6
3	2	6	4	9	5	7	1	8
7	1	8	2	6	3	5	4	9
9	4	5	8	7	1	3	6	2

Puzzle 3

7	4	1	8	9	2	5	3	6
2	5	8	3	7	6	1	4	9
9	3	6	4	5	1	2	7	8
1	6	3	7	4	9	8	2	5
5	9	7	2	1	8	4	6	3
8	2	4	6	3	5	7	9	1
3	1	9	5	2	4	6	8	7
4	8	5	9	6	7	3	1	2
6	7	2	1	8	3	9	5	4

Puzzle 4

8	1	6	2	5	3	7	9	4
5	2	7	9	4	1	8	6	3
3	4	9	7	8	6	5	1	2
7	5	1	4	6	9	2	3	8
4	3	8	5	1	2	9	7	6
6	9	2	3	7	8	1	4	5
2	7	4	6	9	5	3	8	1
1	6	5	8	3	7	4	2	9
9	8	3	1	2	4	6	5	7

Puzzle 5

3	6	5	7	4	9	1	2	8
4	7	9	2	8	1	6	3	5
8	1	2	5	3	6	9	7	4
6	5	8	9	1	7	2	4	3
7	4	1	3	2	8	5	6	9
2	9	3	4	6	5	7	8	1
9	8	6	1	7	3	4	5	2
1	2	7	8	5	4	3	9	6
5	3	4	6	9	2	8	1	7

Puzzle 6

2	4	6	8	1	7	9	3	5
5	9	1	3	6	4	7	2	8
3	8	7	5	2	9	1	4	6
7	1	8	2	5	3	4	6	9
4	3	9	6	7	8	2	5	1
6	5	2	4	9	1	3	8	7
8	7	3	1	4	5	6	9	2
1	2	5	9	3	6	8	7	4
9	6	4	7	8	2	5	1	3

Puzzle 7

4	6	7	9	8	2	1	3	5
1	8	3	4	6	5	7	2	9
9	2	5	3	1	7	6	4	8
7	9	1	2	5	4	8	6	3
8	4	2	6	3	9	5	1	7
3	5	6	8	7	1	4	9	2
2	7	4	5	9	6	3	8	1
6	1	8	7	2	3	9	5	4
5	3	9	1	4	8	2	7	6

Puzzle 8

2	9	7	4	6	8	1	3	5
5	6	3	1	7	2	4	9	8
1	8	4	5	9	3	7	2	6
9	3	5	6	1	7	8	4	2
6	7	1	8	2	4	3	5	9
8	4	2	3	5	9	6	7	1
7	1	9	2	4	6	5	8	3
4	5	8	9	3	1	2	6	7
3	2	6	7	8	5	9	1	4

Puzzle 9

3	4	7	6	9	1	8	2	5
2	9	6	8	7	5	1	3	4
8	1	5	4	3	2	6	7	9
5	8	9	1	2	4	7	6	3
7	6	4	3	5	8	9	1	2
1	2	3	7	6	9	5	4	8
9	5	1	2	4	7	3	8	6
4	3	8	5	1	6	2	9	7
6	7	2	9	8	3	4	5	1

Puzzle 10

5	1	4	9	8	3	7	6	2
9	2	3	6	4	7	5	1	8
6	8	7	2	1	5	3	4	9
2	6	8	4	3	1	9	5	7
7	9	5	8	6	2	1	3	4
3	4	1	5	7	9	8	2	6
8	7	6	3	5	4	2	9	1
4	3	2	1	9	8	6	7	5
1	5	9	7	2	6	4	8	3

Puzzle 11

2	9	3	5	7	4	1	6	8
5	6	7	8	9	1	4	2	3
8	4	1	2	6	3	5	9	7
7	5	2	9	4	8	3	1	6
3	8	4	6	1	2	7	5	9
9	1	6	3	5	7	8	4	2
4	2	5	7	3	6	9	8	1
6	7	9	1	8	5	2	3	4
1	3	8	4	2	9	6	7	5

Puzzle 12

3	9	5	1	8	4	6	7	2
4	8	7	2	5	6	9	1	3
6	2	1	7	3	9	4	5	8
8	1	3	4	2	5	7	6	9
2	5	4	9	6	7	8	3	1
9	7	6	3	1	8	2	4	5
5	6	2	8	4	1	3	9	7
7	4	8	5	9	3	1	2	6
1	3	9	6	7	2	5	8	4

Puzzle 13

5	4	6	8	2	7	3	1	9
1	2	8	6	3	9	5	7	4
3	7	9	1	4	5	2	8	6
6	1	3	9	5	8	4	2	7
7	8	5	4	1	2	6	9	3
4	9	2	3	7	6	8	5	1
8	5	4	7	6	1	9	3	2
2	6	7	5	9	3	1	4	8
9	3	1	2	8	4	7	6	5

Puzzle 14

1	5	2	9	3	8	6	4	7
9	3	7	6	4	1	2	8	5
4	8	6	7	2	5	1	3	9
2	1	9	8	5	6	3	7	4
8	6	4	3	1	7	5	9	2
3	7	5	2	9	4	8	6	1
5	9	1	4	8	3	7	2	6
7	2	8	1	6	9	4	5	3
6	4	3	5	7	2	9	1	8

Puzzle 15

4	1	9	2	7	8	3	5	6
6	2	8	5	3	1	4	7	9
7	3	5	6	4	9	2	1	8
2	9	7	8	5	4	6	3	1
8	5	1	3	6	2	7	9	4
3	4	6	1	9	7	5	8	2
5	8	3	4	1	6	9	2	7
1	7	4	9	2	5	8	6	3
9	6	2	7	8	3	1	4	5

Puzzle 16

6	7	5	8	4	3	9	2	1
9	3	1	6	2	5	4	7	8
2	4	8	1	9	7	3	6	5
1	9	3	7	5	8	6	4	2
4	6	7	2	1	9	5	8	3
8	5	2	4	3	6	1	9	7
5	2	4	9	7	1	8	3	6
7	1	6	3	8	4	2	5	9
3	8	9	5	6	2	7	1	4

Puzzle 17

3	4	2	9	1	7	5	8	6
8	7	5	6	2	3	1	9	4
9	1	6	4	5	8	7	3	2
2	3	9	8	7	1	6	4	5
4	5	7	2	9	6	8	1	3
6	8	1	3	4	5	2	7	9
5	6	8	7	3	4	9	2	1
7	2	4	1	6	9	3	5	8
1	9	3	5	8	2	4	6	7

Puzzle 18

9	8	7	2	4	5	6	1	3
3	2	1	8	6	9	5	4	7
4	5	6	1	7	3	8	2	9
7	1	3	5	2	6	9	8	4
6	4	8	3	9	1	2	7	5
2	9	5	4	8	7	1	3	6
1	3	2	6	5	4	7	9	8
5	7	4	9	1	8	3	6	2
8	6	9	7	3	2	4	5	1

Puzzle 19

8	1	5	4	6	7	3	9	2
9	7	6	2	3	5	4	1	8
3	4	2	9	8	1	5	6	7
2	5	7	6	1	8	9	3	4
6	9	8	3	7	4	2	5	1
4	3	1	5	2	9	8	7	6
5	8	4	7	9	6	1	2	3
7	2	9	1	4	3	6	8	5
1	6	3	8	5	2	7	4	9

Puzzle 20

3	7	6	8	4	2	9	1	5
8	4	5	9	3	1	2	6	7
9	1	2	5	6	7	8	4	3
4	8	7	6	2	5	1	3	9
6	5	3	1	9	8	7	2	4
2	9	1	4	7	3	6	5	8
7	3	8	2	5	6	4	9	1
5	2	4	7	1	9	3	8	6
1	6	9	3	8	4	5	7	2

Puzzle 21

5	4	6	8	9	1	7	3	2
7	9	8	2	6	3	1	4	5
2	3	1	7	4	5	6	9	8
4	1	9	6	3	8	2	5	7
8	5	2	9	1	7	4	6	3
3	6	7	4	5	2	8	1	9
6	2	5	3	7	4	9	8	1
9	7	3	1	8	6	5	2	4
1	8	4	5	2	9	3	7	6

Puzzle 22

3	1	8	4	6	9	5	7	2
4	7	2	1	8	5	3	9	6
9	5	6	7	3	2	8	1	4
6	8	9	3	4	7	1	2	5
5	4	7	6	2	1	9	3	8
1	2	3	9	5	8	6	4	7
2	3	4	8	1	6	7	5	9
8	9	1	5	7	4	2	6	3
7	6	5	2	9	3	4	8	1

Puzzle 23

9	5	8	1	6	2	3	7	4
2	6	3	4	7	8	9	5	1
7	4	1	5	9	3	6	2	8
6	3	4	2	5	9	1	8	7
8	7	5	6	4	1	2	9	3
1	9	2	8	3	7	4	6	5
4	8	7	3	2	6	5	1	9
3	1	6	9	8	5	7	4	2
5	2	9	7	1	4	8	3	6

Puzzle 24

6	2	4	1	5	8	7	9	3
9	8	1	2	7	3	4	5	6
3	5	7	6	4	9	1	8	2
8	7	6	4	9	2	5	3	1
2	1	3	8	6	5	9	7	4
4	9	5	7	3	1	6	2	8
5	4	9	3	2	6	8	1	7
7	3	8	5	1	4	2	6	9
1	6	2	9	8	7	3	4	5

Puzzle 25

6	7	5	8	2	1	4	3	9
2	3	9	5	4	6	8	1	7
8	1	4	7	3	9	5	6	2
3	5	6	2	8	4	9	7	1
7	9	8	6	1	5	2	4	3
4	2	1	9	7	3	6	5	8
5	8	2	3	6	7	1	9	4
9	4	3	1	5	8	7	2	6
1	6	7	4	9	2	3	8	5

Puzzle 26

7	4	1	6	3	2	8	9	5
8	5	2	1	7	9	6	4	3
6	3	9	5	4	8	7	2	1
3	8	4	9	2	6	1	5	7
9	1	6	4	5	7	3	8	2
5	2	7	3	8	1	4	6	9
1	7	5	8	9	4	2	3	6
4	6	3	2	1	5	9	7	8
2	9	8	7	6	3	5	1	4

Puzzle 27

7	5	8	6	2	4	9	3	1
2	4	9	5	1	3	7	6	8
6	3	1	9	8	7	2	5	4
8	1	7	3	4	6	5	9	2
4	2	5	7	9	8	6	1	3
3	9	6	1	5	2	4	8	7
9	7	3	2	6	1	8	4	5
5	8	2	4	3	9	1	7	6
1	6	4	8	7	5	3	2	9

Puzzle 28

7	6	2	4	8	1	9	3	5
4	1	3	2	9	5	6	7	8
5	8	9	6	7	3	1	2	4
3	9	7	5	1	2	4	8	6
6	2	1	8	4	9	3	5	7
8	5	4	7	3	6	2	1	9
9	7	5	3	2	4	8	6	1
2	4	6	1	5	8	7	9	3
1	3	8	9	6	7	5	4	2

Puzzle 29

8	5	2	9	3	6	7	1	4
9	3	1	4	7	8	2	6	5
7	6	4	5	2	1	8	9	3
6	1	7	3	4	2	5	8	9
3	2	8	6	9	5	4	7	1
5	4	9	1	8	7	3	2	6
2	9	3	8	1	4	6	5	7
4	8	6	7	5	9	1	3	2
1	7	5	2	6	3	9	4	8

Puzzle 30

6	3	1	7	2	8	4	5	9
2	9	8	3	4	5	7	6	1
7	4	5	6	1	9	8	3	2
9	8	4	5	6	2	3	1	7
5	6	7	1	3	4	9	2	8
1	2	3	9	8	7	5	4	6
3	7	9	2	5	1	6	8	4
8	5	2	4	7	6	1	9	3
4	1	6	8	9	3	2	7	5

Puzzle 31

8	1	6	9	2	3	5	7	4
3	9	4	5	1	7	8	6	2
2	5	7	8	4	6	3	1	9
6	4	2	1	3	9	7	5	8
1	7	5	4	6	8	2	9	3
9	8	3	7	5	2	6	4	1
5	6	1	2	8	4	9	3	7
7	3	8	6	9	1	4	2	5
4	2	9	3	7	5	1	8	6

Puzzle 32

8	2	7	1	3	6	9	4	5
6	9	5	4	2	7	8	1	3
4	3	1	9	8	5	2	7	6
9	1	2	3	5	4	7	6	8
5	6	3	8	7	1	4	2	9
7	4	8	2	6	9	5	3	1
1	8	9	6	4	2	3	5	7
2	7	6	5	9	3	1	8	4
3	5	4	7	1	8	6	9	2

Puzzle 33

5	1	6	2	8	4	7	9	3
9	7	8	3	1	6	4	2	5
2	4	3	9	5	7	1	6	8
6	3	7	1	4	5	9	8	2
8	2	4	6	7	9	3	5	1
1	9	5	8	2	3	6	4	7
3	5	2	4	9	1	8	7	6
7	6	9	5	3	8	2	1	4
4	8	1	7	6	2	5	3	9

Puzzle 34

8	5	3	7	9	6	1	4	2
9	6	4	1	5	2	3	7	8
1	2	7	3	4	8	5	6	9
7	4	9	8	6	5	2	3	1
3	8	5	4	2	1	6	9	7
6	1	2	9	3	7	8	5	4
4	9	1	5	8	3	7	2	6
2	3	8	6	7	4	9	1	5
5	7	6	2	1	9	4	8	3

Puzzle 35

7	2	9	1	3	4	8	5	6
1	5	8	2	7	6	4	9	3
4	3	6	5	8	9	7	2	1
8	7	1	3	5	2	9	6	4
6	9	2	4	1	8	3	7	5
3	4	5	9	6	7	1	8	2
9	1	4	7	2	5	6	3	8
5	8	3	6	9	1	2	4	7
2	6	7	8	4	3	5	1	9

Puzzle 36

8	5	6	2	9	3	4	1	7
4	3	2	8	1	7	6	9	5
7	1	9	5	4	6	2	3	8
1	7	3	6	5	2	9	8	4
6	2	8	4	7	9	1	5	3
5	9	4	3	8	1	7	2	6
9	4	5	1	6	8	3	7	2
2	6	7	9	3	5	8	4	1
3	8	1	7	2	4	5	6	9

Puzzle 37

9	6	2	8	7	4	3	1	5
1	5	8	3	2	6	9	4	7
7	3	4	9	5	1	6	8	2
6	1	9	2	3	8	5	7	4
8	7	5	4	1	9	2	3	6
2	4	3	5	6	7	8	9	1
3	9	6	1	4	5	7	2	8
4	8	7	6	9	2	1	5	3
5	2	1	7	8	3	4	6	9

Puzzle 38

3	8	4	1	5	2	7	6	9
2	9	5	7	6	3	4	8	1
1	6	7	9	4	8	2	3	5
7	5	1	3	2	6	9	4	8
9	4	3	8	7	5	6	1	2
6	2	8	4	9	1	5	7	3
4	3	6	2	8	9	1	5	7
8	7	2	5	1	4	3	9	6
5	1	9	6	3	7	8	2	4

Puzzle 39

6	8	2	7	1	5	9	3	4
1	5	3	6	9	4	8	7	2
9	4	7	2	3	8	5	1	6
7	9	6	5	2	3	4	8	1
3	2	4	1	8	6	7	9	5
8	1	5	9	4	7	2	6	3
4	3	1	8	5	9	6	2	7
5	6	8	3	7	2	1	4	9
2	7	9	4	6	1	3	5	8

Puzzle 40

4	2	6	9	8	5	1	7	3
1	8	5	6	7	3	2	9	4
7	3	9	4	1	2	6	5	8
9	5	1	8	2	4	3	6	7
2	6	8	3	9	7	5	4	1
3	7	4	5	6	1	8	2	9
6	1	3	2	4	9	7	8	5
8	9	7	1	5	6	4	3	2
5	4	2	7	3	8	9	1	6

Puzzle 41

9	4	7	5	8	6	2	3	1
5	2	3	1	4	7	6	8	9
8	1	6	3	2	9	5	4	7
1	6	4	9	3	5	7	2	8
7	9	8	2	6	4	1	5	3
2	3	5	7	1	8	9	6	4
4	5	9	6	7	3	8	1	2
6	8	2	4	9	1	3	7	5
3	7	1	8	5	2	4	9	6

Puzzle 42

2	4	9	5	7	3	1	6	8
7	1	3	2	8	6	5	4	9
5	8	6	4	9	1	2	3	7
9	3	4	8	6	2	7	1	5
1	2	7	9	4	5	6	8	3
8	6	5	3	1	7	4	9	2
3	9	2	6	5	4	8	7	1
6	5	1	7	3	8	9	2	4
4	7	8	1	2	9	3	5	6

Puzzle 43

3	9	7	8	6	4	1	2	5
4	1	5	9	2	3	6	7	8
2	6	8	7	5	1	9	4	3
6	8	3	1	7	5	4	9	2
9	7	1	2	4	8	5	3	6
5	4	2	6	3	9	8	1	7
1	2	6	4	8	7	3	5	9
7	3	9	5	1	6	2	8	4
8	5	4	3	9	2	7	6	1

Puzzle 44

2	1	9	8	4	6	7	3	5
3	7	8	5	1	2	6	9	4
4	5	6	3	9	7	2	1	8
1	6	2	7	3	4	5	8	9
9	8	3	2	6	5	4	7	1
7	4	5	9	8	1	3	2	6
8	2	7	6	5	9	1	4	3
6	9	4	1	2	3	8	5	7
5	3	1	4	7	8	9	6	2

Puzzle 45

2	9	4	8	5	1	7	3	6
5	7	6	3	2	4	1	9	8
1	3	8	6	9	7	2	5	4
4	6	5	7	1	8	3	2	9
9	8	7	2	4	3	5	6	1
3	2	1	5	6	9	4	8	7
7	1	3	9	8	2	6	4	5
6	4	9	1	3	5	8	7	2
8	5	2	4	7	6	9	1	3

Puzzle 46

2	5	7	4	8	3	1	9	6
1	4	8	6	9	7	2	5	3
9	6	3	5	2	1	7	4	8
4	9	2	3	1	8	5	6	7
8	7	1	2	5	6	4	3	9
5	3	6	7	4	9	8	2	1
7	1	5	9	3	4	6	8	2
3	8	4	1	6	2	9	7	5
6	2	9	8	7	5	3	1	4

Puzzle 47

9	8	3	5	7	4	2	1	6
6	4	2	1	3	9	5	7	8
7	1	5	8	2	6	4	3	9
5	2	1	6	9	7	3	8	4
8	7	6	4	1	3	9	5	2
4	3	9	2	5	8	1	6	7
3	5	7	9	6	2	8	4	1
2	6	8	3	4	1	7	9	5
1	9	4	7	8	5	6	2	3

Puzzle 48

1	7	2	9	4	8	3	6	5
3	6	8	7	2	5	4	1	9
5	9	4	3	6	1	7	2	8
6	8	7	4	5	2	9	3	1
9	2	1	8	3	7	6	5	4
4	3	5	6	1	9	2	8	7
8	5	3	2	7	4	1	9	6
2	4	9	1	8	6	5	7	3
7	1	6	5	9	3	8	4	2

Puzzle 49

7	1	9	6	4	5	8	3	2
2	8	4	3	1	9	7	6	5
6	3	5	8	2	7	4	1	9
8	2	6	9	5	4	1	7	3
5	7	3	1	8	2	9	4	6
9	4	1	7	3	6	2	5	8
4	9	7	5	6	8	3	2	1
3	6	8	2	7	1	5	9	4
1	5	2	4	9	3	6	8	7

Puzzle 50

6	3	1	4	7	9	2	8	5
7	4	5	2	1	8	6	9	3
9	2	8	5	3	6	1	4	7
2	9	6	3	8	5	4	7	1
1	5	3	7	9	4	8	2	6
8	7	4	1	6	2	5	3	9
5	8	9	6	2	7	3	1	4
4	1	7	8	5	3	9	6	2
3	6	2	9	4	1	7	5	8

Puzzle 51

4	3	1	7	5	6	9	2	8
7	5	9	8	2	4	1	6	3
8	6	2	9	3	1	5	7	4
6	1	8	3	4	9	2	5	7
3	2	7	6	1	5	8	4	9
5	9	4	2	7	8	3	1	6
2	7	6	5	9	3	4	8	1
9	4	5	1	8	7	6	3	2
1	8	3	4	6	2	7	9	5

Puzzle 52

4	5	6	2	1	7	3	8	9
1	3	2	4	8	9	6	7	5
8	7	9	6	3	5	1	4	2
6	2	5	9	4	1	8	3	7
3	1	4	7	2	8	9	5	6
9	8	7	5	6	3	2	1	4
2	6	3	1	7	4	5	9	8
5	4	1	8	9	6	7	2	3
7	9	8	3	5	2	4	6	1

Puzzle 53

5	8	3	9	7	6	1	4	2
9	6	2	1	4	8	3	7	5
1	7	4	2	3	5	9	6	8
2	5	1	6	9	4	8	3	7
3	9	6	7	8	1	5	2	4
8	4	7	5	2	3	6	1	9
7	1	9	8	6	2	4	5	3
4	2	5	3	1	9	7	8	6
6	3	8	4	5	7	2	9	1

Puzzle 54

4	6	5	7	3	1	9	2	8
3	1	2	8	9	4	5	7	6
8	7	9	2	6	5	1	4	3
1	2	7	6	5	9	8	3	4
5	3	4	1	7	8	6	9	2
9	8	6	3	4	2	7	1	5
7	4	8	9	2	6	3	5	1
2	9	1	5	8	3	4	6	7
6	5	3	4	1	7	2	8	9

Puzzle 55

7	3	9	2	8	5	6	1	4
1	6	8	7	4	3	2	5	9
4	2	5	6	1	9	8	3	7
8	9	2	1	7	4	3	6	5
3	1	7	5	6	2	9	4	8
5	4	6	9	3	8	7	2	1
6	5	3	8	9	1	4	7	2
2	8	4	3	5	7	1	9	6
9	7	1	4	2	6	5	8	3

Puzzle 56

1	4	3	6	5	2	7	8	9
6	9	8	4	7	3	1	5	2
7	5	2	8	1	9	4	6	3
2	8	6	1	9	4	3	7	5
9	1	5	3	8	7	6	2	4
3	7	4	2	6	5	8	9	1
5	3	1	7	2	8	9	4	6
8	6	9	5	4	1	2	3	7
4	2	7	9	3	6	5	1	8

Puzzle 57

4	8	1	3	5	9	7	6	2
6	7	2	8	4	1	5	3	9
5	3	9	7	2	6	1	4	8
7	5	6	4	3	8	9	2	1
1	2	8	9	6	7	4	5	3
9	4	3	5	1	2	8	7	6
2	6	4	1	9	5	3	8	7
3	1	7	6	8	4	2	9	5
8	9	5	2	7	3	6	1	4

Puzzle 58

6	7	2	1	4	5	8	9	3
3	4	9	6	2	8	5	1	7
8	1	5	3	9	7	6	2	4
5	9	3	7	8	6	2	4	1
1	2	7	9	5	4	3	6	8
4	6	8	2	1	3	9	7	5
2	8	4	5	7	9	1	3	6
7	3	1	8	6	2	4	5	9
9	5	6	4	3	1	7	8	2

Puzzle 59

7	8	5	2	4	1	3	9	6
6	1	3	8	9	5	7	2	4
2	9	4	6	3	7	1	8	5
3	7	6	4	5	2	8	1	9
9	2	8	3	1	6	4	5	7
5	4	1	9	7	8	6	3	2
1	6	2	7	8	9	5	4	3
8	3	7	5	2	4	9	6	1
4	5	9	1	6	3	2	7	8

Puzzle 60

5	3	6	7	8	9	2	4	1
8	7	1	4	5	2	9	6	3
9	4	2	1	6	3	5	7	8
2	6	8	5	3	7	4	1	9
4	9	7	8	2	1	3	5	6
3	1	5	9	4	6	7	8	2
1	5	4	3	9	8	6	2	7
6	8	3	2	7	4	1	9	5
7	2	9	6	1	5	8	3	4

Puzzle 61

3	9	5	4	7	2	8	6	1
6	7	2	1	5	8	4	3	9
1	4	8	6	9	3	7	2	5
2	8	7	9	3	6	1	5	4
9	6	1	2	4	5	3	8	7
5	3	4	7	8	1	2	9	6
8	5	6	3	1	7	9	4	2
4	1	3	5	2	9	6	7	8
7	2	9	8	6	4	5	1	3

Puzzle 62

8	1	5	9	6	4	2	7	3
7	9	6	2	1	3	4	8	5
3	2	4	8	7	5	9	1	6
5	7	8	3	2	6	1	4	9
2	4	1	5	8	9	3	6	7
6	3	9	7	4	1	8	5	2
4	5	7	1	9	2	6	3	8
9	6	3	4	5	8	7	2	1
1	8	2	6	3	7	5	9	4

Puzzle 63

5	1	9	4	6	8	2	3	7
8	3	6	2	7	1	5	4	9
7	4	2	5	3	9	1	6	8
9	7	3	1	2	5	4	8	6
2	5	8	7	4	6	9	1	3
4	6	1	9	8	3	7	5	2
1	8	5	6	9	7	3	2	4
6	2	7	3	1	4	8	9	5
3	9	4	8	5	2	6	7	1

Puzzle 64

7	6	3	5	8	9	2	1	4
5	8	1	2	4	6	7	9	3
2	4	9	3	7	1	5	6	8
6	1	4	8	9	7	3	5	2
8	5	2	1	3	4	6	7	9
9	3	7	6	5	2	8	4	1
3	9	6	7	1	8	4	2	5
4	7	8	9	2	5	1	3	6
1	2	5	4	6	3	9	8	7

Puzzle 65

1	2	3	7	9	8	4	6	5
4	7	5	6	3	1	2	8	9
8	9	6	2	4	5	3	7	1
2	4	1	5	7	6	8	9	3
6	3	7	8	2	9	1	5	4
5	8	9	4	1	3	7	2	6
7	5	4	1	6	2	9	3	8
9	6	2	3	8	4	5	1	7
3	1	8	9	5	7	6	4	2

Puzzle 66

6	8	3	4	7	1	5	9	2
9	1	2	8	5	3	7	6	4
7	4	5	9	2	6	3	1	8
2	3	7	5	6	4	9	8	1
4	9	8	3	1	2	6	7	5
1	5	6	7	9	8	4	2	3
3	6	9	1	8	5	2	4	7
8	2	4	6	3	7	1	5	9
5	7	1	2	4	9	8	3	6

Puzzle 67

2	8	9	7	6	5	4	3	1
6	3	7	4	2	1	9	8	5
5	1	4	8	9	3	2	7	6
1	4	5	9	3	8	7	6	2
7	2	8	6	5	4	3	1	9
9	6	3	1	7	2	5	4	8
3	5	1	2	4	6	8	9	7
8	7	2	3	1	9	6	5	4
4	9	6	5	8	7	1	2	3

Puzzle 68

4	5	8	2	1	9	3	7	6
9	3	2	7	6	5	8	1	4
6	1	7	8	3	4	5	9	2
8	9	3	6	4	1	2	5	7
1	2	6	5	7	3	4	8	9
5	7	4	9	8	2	6	3	1
7	8	5	4	9	6	1	2	3
3	6	9	1	2	8	7	4	5
2	4	1	3	5	7	9	6	8

Puzzle 69

6	1	2	4	7	5	9	3	8
9	8	5	2	6	3	7	4	1
4	7	3	9	8	1	6	2	5
3	4	8	7	1	6	2	5	9
5	9	7	8	3	2	1	6	4
2	6	1	5	4	9	8	7	3
7	2	9	1	5	4	3	8	6
8	3	4	6	9	7	5	1	2
1	5	6	3	2	8	4	9	7

Puzzle 70

5	3	7	6	4	8	1	9	2
2	6	1	9	5	7	4	8	3
9	4	8	3	1	2	5	7	6
1	8	3	5	7	6	2	4	9
7	2	4	1	3	9	6	5	8
6	9	5	8	2	4	3	1	7
8	5	9	2	6	1	7	3	4
4	1	2	7	8	3	9	6	5
3	7	6	4	9	5	8	2	1

Puzzle 71

8	7	9	1	2	4	6	5	3
2	6	1	9	3	5	8	7	4
3	4	5	6	8	7	9	1	2
9	3	2	4	7	6	5	8	1
7	8	4	5	1	3	2	9	6
1	5	6	8	9	2	3	4	7
6	1	3	7	5	8	4	2	9
4	9	8	2	6	1	7	3	5
5	2	7	3	4	9	1	6	8

Puzzle 72

7	4	6	3	8	9	1	5	2
5	1	9	4	7	2	8	6	3
2	3	8	6	1	5	7	9	4
3	9	7	5	2	8	4	1	6
8	6	1	7	4	3	9	2	5
4	2	5	9	6	1	3	7	8
6	5	3	1	9	4	2	8	7
9	7	2	8	3	6	5	4	1
1	8	4	2	5	7	6	3	9

Puzzle 73

7	6	4	2	5	8	9	3	1
1	8	9	6	4	3	2	7	5
2	5	3	9	7	1	8	6	4
5	3	1	4	6	9	7	2	8
8	2	7	3	1	5	6	4	9
4	9	6	8	2	7	1	5	3
9	7	8	5	3	2	4	1	6
6	1	5	7	9	4	3	8	2
3	4	2	1	8	6	5	9	7

Puzzle 74

3	8	6	2	4	5	1	9	7
5	4	7	1	9	3	6	8	2
1	2	9	6	7	8	4	5	3
4	3	5	7	8	6	2	1	9
6	9	8	5	2	1	3	7	4
2	7	1	9	3	4	5	6	8
8	5	2	4	6	7	9	3	1
9	1	3	8	5	2	7	4	6
7	6	4	3	1	9	8	2	5

Puzzle 75

3	8	6	4	5	2	7	1	9
1	5	2	9	6	7	8	4	3
9	4	7	1	3	8	2	6	5
4	7	8	3	1	5	9	2	6
5	6	1	8	2	9	4	3	7
2	9	3	6	7	4	5	8	1
6	2	5	7	8	1	3	9	4
8	1	4	5	9	3	6	7	2
7	3	9	2	4	6	1	5	8

Puzzle 76

1	3	9	4	7	6	2	5	8
5	6	8	1	3	2	7	9	4
7	2	4	9	8	5	3	1	6
6	8	2	7	1	4	9	3	5
9	1	3	6	5	8	4	2	7
4	7	5	2	9	3	8	6	1
2	5	1	3	4	7	6	8	9
8	4	6	5	2	9	1	7	3
3	9	7	8	6	1	5	4	2

Puzzle 77

5	9	6	2	4	3	8	1	7
3	4	8	6	7	1	5	2	9
7	1	2	9	8	5	3	6	4
4	7	9	3	1	8	2	5	6
6	5	3	7	9	2	4	8	1
8	2	1	4	5	6	9	7	3
1	3	7	5	2	9	6	4	8
2	6	4	8	3	7	1	9	5
9	8	5	1	6	4	7	3	2

Puzzle 78

7	9	5	6	3	8	2	1	4
6	1	8	7	2	4	9	5	3
3	4	2	1	9	5	7	6	8
9	7	1	2	8	3	5	4	6
5	6	3	4	1	7	8	2	9
8	2	4	5	6	9	3	7	1
1	3	6	8	5	2	4	9	7
2	8	7	9	4	6	1	3	5
4	5	9	3	7	1	6	8	2

Puzzle 79

2	4	6	5	3	8	9	7	1
8	7	9	4	1	2	5	3	6
3	1	5	7	9	6	4	2	8
5	9	8	2	7	1	3	6	4
6	2	1	3	4	5	7	8	9
4	3	7	6	8	9	1	5	2
1	5	4	8	2	3	6	9	7
7	6	2	9	5	4	8	1	3
9	8	3	1	6	7	2	4	5

Puzzle 80

5	8	4	6	1	3	7	9	2
7	2	6	9	5	4	1	8	3
3	1	9	2	8	7	4	5	6
6	4	1	3	7	9	5	2	8
9	5	8	1	2	6	3	7	4
2	7	3	5	4	8	6	1	9
4	9	5	8	3	1	2	6	7
8	3	2	7	6	5	9	4	1
1	6	7	4	9	2	8	3	5

Puzzle 81

6	4	2	8	3	7	9	1	5
7	1	3	4	9	5	6	8	2
5	9	8	1	2	6	3	4	7
9	8	6	2	5	1	7	3	4
1	2	4	7	6	3	8	5	9
3	7	5	9	8	4	2	6	1
8	6	7	5	1	9	4	2	3
4	3	1	6	7	2	5	9	8
2	5	9	3	4	8	1	7	6

Puzzle 82

6	4	5	9	7	1	2	8	3
7	8	3	5	2	4	9	6	1
1	9	2	3	8	6	7	4	5
3	7	9	4	1	8	5	2	6
4	2	8	6	9	5	3	1	7
5	6	1	7	3	2	8	9	4
9	1	4	2	5	3	6	7	8
2	3	6	8	4	7	1	5	9
8	5	7	1	6	9	4	3	2

Puzzle 83

4	6	2	3	5	1	8	7	9
3	9	7	2	8	6	5	4	1
5	8	1	9	4	7	6	2	3
9	4	5	8	7	2	1	3	6
8	2	3	1	6	4	7	9	5
1	7	6	5	9	3	4	8	2
7	3	4	6	2	5	9	1	8
6	1	8	4	3	9	2	5	7
2	5	9	7	1	8	3	6	4

Puzzle 84

4	7	6	3	1	5	9	2	8
1	8	9	4	2	6	5	7	3
5	2	3	9	7	8	6	1	4
9	5	1	7	8	2	3	4	6
8	6	7	1	3	4	2	5	9
2	3	4	6	5	9	7	8	1
3	9	5	8	4	7	1	6	2
7	1	8	2	6	3	4	9	5
6	4	2	5	9	1	8	3	7

Puzzle 85

3	9	8	7	4	2	6	1	5
4	5	1	9	6	3	7	8	2
7	6	2	8	1	5	3	9	4
9	2	6	5	8	4	1	3	7
8	3	4	1	2	7	9	5	6
5	1	7	6	3	9	4	2	8
2	8	3	4	7	1	5	6	9
6	4	9	3	5	8	2	7	1
1	7	5	2	9	6	8	4	3

Puzzle 86

7	1	2	5	3	6	9	8	4
8	3	9	4	1	7	5	6	2
6	4	5	8	9	2	3	7	1
2	7	4	1	5	3	8	9	6
5	6	8	2	7	9	4	1	3
3	9	1	6	4	8	2	5	7
9	5	7	3	6	4	1	2	8
1	8	3	7	2	5	6	4	9
4	2	6	9	8	1	7	3	5

Puzzle 87

9	4	5	2	6	8	1	3	7
8	6	1	3	7	4	2	5	9
7	2	3	5	1	9	8	6	4
4	8	2	7	3	5	9	1	6
1	5	9	6	4	2	3	7	8
3	7	6	9	8	1	5	4	2
5	3	4	8	9	7	6	2	1
6	9	7	1	2	3	4	8	5
2	1	8	4	5	6	7	9	3

Puzzle 88

5	2	1	9	8	7	3	4	6
8	4	3	1	6	2	9	5	7
7	9	6	3	5	4	8	2	1
2	6	7	4	9	8	5	1	3
1	3	9	6	2	5	7	8	4
4	8	5	7	1	3	2	6	9
3	5	4	2	7	1	6	9	8
6	7	8	5	4	9	1	3	2
9	1	2	8	3	6	4	7	5

Puzzle 89

5	7	4	1	6	2	8	3	9
6	8	3	7	4	9	1	2	5
2	1	9	3	5	8	4	7	6
3	4	1	2	8	6	5	9	7
8	9	2	4	7	5	3	6	1
7	5	6	9	1	3	2	8	4
4	3	7	6	2	1	9	5	8
1	2	5	8	9	7	6	4	3
9	6	8	5	3	4	7	1	2

Puzzle 90

7	1	2	6	9	5	3	8	4
6	3	5	1	4	8	9	2	7
8	9	4	7	3	2	1	5	6
3	7	8	2	5	6	4	1	9
2	6	1	9	7	4	5	3	8
5	4	9	8	1	3	6	7	2
1	5	6	4	2	7	8	9	3
9	8	7	3	6	1	2	4	5
4	2	3	5	8	9	7	6	1

Puzzle 91

9	4	3	1	5	6	7	2	8
8	6	7	9	4	2	1	5	3
1	5	2	3	7	8	9	4	6
5	7	8	2	1	4	6	3	9
2	9	4	8	6	3	5	1	7
3	1	6	5	9	7	4	8	2
6	2	1	7	8	5	3	9	4
4	3	5	6	2	9	8	7	1
7	8	9	4	3	1	2	6	5

Puzzle 92

1	9	8	6	2	4	3	5	7
4	3	2	8	5	7	1	6	9
7	6	5	3	1	9	2	4	8
5	4	6	1	7	2	9	8	3
2	7	9	4	8	3	6	1	5
3	8	1	5	9	6	7	2	4
9	1	4	7	6	5	8	3	2
6	2	3	9	4	8	5	7	1
8	5	7	2	3	1	4	9	6

Puzzle 93

2	1	6	3	8	7	4	5	9
3	5	7	9	4	1	2	6	8
9	4	8	5	2	6	3	1	7
7	8	4	2	9	5	6	3	1
6	2	1	4	7	3	9	8	5
5	9	3	1	6	8	7	2	4
1	6	9	8	3	4	5	7	2
8	7	2	6	5	9	1	4	3
4	3	5	7	1	2	8	9	6

Puzzle 94

9	7	4	1	6	8	2	5	3
6	3	5	9	2	4	7	8	1
1	8	2	3	5	7	6	9	4
3	2	1	5	7	9	8	4	6
5	4	9	6	8	2	1	3	7
7	6	8	4	3	1	5	2	9
2	9	6	8	1	3	4	7	5
4	5	7	2	9	6	3	1	8
8	1	3	7	4	5	9	6	2

Puzzle 95

3	7	4	1	2	9	6	8	5
2	9	6	5	4	8	3	1	7
8	1	5	6	3	7	4	2	9
7	6	3	4	5	1	8	9	2
1	8	9	3	7	2	5	6	4
5	4	2	8	9	6	7	3	1
6	2	1	7	8	5	9	4	3
9	3	7	2	6	4	1	5	8
4	5	8	9	1	3	2	7	6

Puzzle 96

4	8	6	1	3	9	5	2	7
3	7	2	6	5	4	9	8	1
5	1	9	8	2	7	6	3	4
8	6	3	5	7	1	4	9	2
9	2	5	3	4	8	7	1	6
1	4	7	2	9	6	8	5	3
6	5	1	7	8	3	2	4	9
7	9	8	4	1	2	3	6	5
2	3	4	9	6	5	1	7	8

Puzzle 97

7	3	1	9	8	6	5	4	2
8	9	6	2	4	5	7	1	3
2	4	5	7	1	3	6	8	9
5	8	9	6	3	4	2	7	1
4	1	7	5	9	2	3	6	8
6	2	3	1	7	8	4	9	5
3	7	4	8	2	9	1	5	6
9	6	2	4	5	1	8	3	7
1	5	8	3	6	7	9	2	4

Puzzle 98

4	5	9	7	1	2	6	3	8
8	1	6	3	9	4	2	5	7
3	7	2	5	6	8	1	4	9
2	4	8	6	5	3	7	9	1
5	9	1	8	2	7	4	6	3
7	6	3	9	4	1	5	8	2
1	3	5	2	8	6	9	7	4
9	2	7	4	3	5	8	1	6
6	8	4	1	7	9	3	2	5

Puzzle 99

5	6	3	7	1	2	8	9	4
7	2	8	4	9	3	5	1	6
4	9	1	6	8	5	7	2	3
1	4	7	3	5	8	2	6	9
6	3	2	1	7	9	4	8	5
8	5	9	2	4	6	3	7	1
2	1	6	8	3	4	9	5	7
9	7	4	5	2	1	6	3	8
3	8	5	9	6	7	1	4	2

Puzzle 100

8	7	1	6	5	3	9	4	2
2	6	9	1	4	7	5	8	3
3	4	5	2	9	8	6	7	1
6	9	3	4	8	2	1	5	7
5	1	2	7	3	6	4	9	8
7	8	4	9	1	5	3	2	6
9	2	6	5	7	1	8	3	4
4	3	7	8	6	9	2	1	5
1	5	8	3	2	4	7	6	9

www.ingramcontent.com/pod-product-compliance
Lightning Source LLC
Chambersburg PA
CBHW070818220526
45466CB00002B/708
9781693662904